AF456011

ISBN 978-3-662-23855-4 ISBN 978-3-662-25958-0 (eBook)
DOI 10.1007/978-3-662-25958-0

Die in den Sitzungsberichten Abtlg. I und Abtlg. II der math.-nat. Klasse der Österr. Ak. d. Wiss. erscheinenden Abhandlungen werden auch einzeln abgegeben. Sie können durch jede Buchhandlung oder direkt durch die Auslieferungsstelle der Österreichischen Akademie der Wissenschaften (Wien I, Singerstraße 12) bezogen werden.

Nachfolgende Abhandlungen aus dem Fache **Botanik** (Biologie) sind erschienen:

1957 (S I Bd. 166):

Politis J.: Über die „Tanninoplasten" oder Gerbstoffbildner der Crassulaceae (mit 2 Textabbildungen und 1 Tafel). S 6.—

Politis J.: Über einen neuen Pflanzenfarbstoff in den Blüten einiger Verbascum-Arten (mit 2 Tafeln). S 5.20

Übeleis Ilse: Osmotischer Wert, Zucker- und Harnstoffpermeabilität einiger Diatomeen (mit 1 Textabbildung). S 30.40

1958 (S I Bd. 167):

Höfler Karl: Permeabilitätsstudien an Parenchymzellen der Blattrippe von Blechnum spicant (mit 5 Textabbildungen). S 45.—

Rechinger K. H., Dulfer H. und Patzak A.: Širjaevii fragmenta astragalogica IV. S 38.10

Url Walter: Zur Wirkung der Atmungsgifte Natriumazid und Dinitrophenol auf die Permeabilität von Blechnum spicant-Zellen (mit 3 Textabbildungen). S 25.—

Wawrik Friederike: Hochgebirgs-Kleingewässer im Arlberggebiet III (mit 3 Textabbildungen und 1 Tafel). S 18.90

1959 (S I Bd. 168):

Biebl Richard: Röntgenstrahlenwirkungen auf Commelinaceenstecklinge (Total- und Partialbestrahlungen) (mit 9 Tabellen und 5 Textabbildungen). S 31.20

Höfler Karl: Über die Gollinger Kalkmoosvereine (mit 1 Textabbildung und 1 Tafel). S 34.50

Höfler Karl und Fetzmann Elsa Leonore: Algen-Kleingesellschaften des Salzlackengebietes am Neusiedler See I (mit 1 Tafel). S 21.50

Hustedt Friedrich: Die Diatomeenflora des Salzlackengebietes im österreichischen Burgenland (mit 31 Textabbildungen und 1 Tafel). S 53.90

Luhan Maria: Zur Wurzelanatomie unserer Alpenpflanzen. IV. Compositae (mit 9 Textabbildungen und 4 Tafeln). S 36.90

Pfoser Karl: Vergleichende Versuche über Verholzungsreaktionen und Fluoreszenz (mit 2 Textabbildungen und 2 Tafeln). S 18.70

Rechinger K. H., Dulfer H. und Patzak A.: Širjaevii fragmenta astragalogica. S 29.40

Wendelberger Gustav: Die Vegetation des Neusiedler See-Gebietes. S 7.20

1960 (S I Bd. 169):

Bolay Erika: Die Vitalfärbung voller Zellsäfte und ihre cytochemische Interpretation (mit einer Textabbildung und 5 Tafeln). S 49.—

Ehrendorfer F.: Neufassung der Sektion Lepto-Galium Lange und Beschreibung neuer Arten und Kombinationen (zur Phylogenie der Gattung Galium, VII). S 12.—

Franz Gertrude: Die Mikroflora einiger Standorte im Leithagebirge in ihrer Abhängigkeit von Boden und Vegetationsdecke (mit 22 Textabbildungen). S 88 —

Pruzsinszky S.: Über Trocken- und Feuchtluftresistenz des Pollens (mit 12 Abbildungen auf 6 Tafeln). S 63.40

1961 (S I Bd. 170):

Fetzmann Elsalore, Vegetationsstudien im Tanner Moor (Mühlviertel, Oberösterreich) (mit 2 Textabbildungen und 2 Tafeln). S 170−3, S 23.−

Pruzsinszky Siegfried und Url Walter, Ein Beitrag zur Desmidiaceenflora des Lungaues. S 170−1, S 9.−

Rechinger K. H., Dufler H. und Patzak A., Širjaevii fragmenta astragalogica XIII. bis XVII. Teil. S 170−2, S 56.−

1962 (S I Bd. 171):

Niklfeld Harald, Über die Pflanzengesellschaften der Fels- und Mauerspalten Südfrankreichs (mit 1 Textabbildung und 1 Falttabelle) 171−23, S 52.−

Url Walter, Permeabilitätsversuche an Stengelepidermiszellen von Gentiana germanica und Gentiana ciliata (mit 3 Textabbildungen) 171−16, S 40.−

Ein weiterer Beitrag zur Wassermolluskenfauna des Iran

Von FERDINAND STARMÜHLNER

(Aus dem 1. Zoologischen Institut der Universität Wien; Leitung: Univ.-Prof. Dr. Wilhelm Marinelli).

(Vorgelegt in der Sitzung am 25. Juni 1965)

Vom Herbst 1963 bis zum Frühjahr 1964 sammelte Frau Univ.-Doz. Dr. A. RUTTNER anläßlich eines Aufenthaltes im Iran wieder zahlreiche Wassermollusken. Ich danke Frau Dr. RUTTNER für die neuerliche Überlassung ihrer Ausbeute zur Bestimmung. Sie wurde nach der Bearbeitung der Molluskenabteilung des Naturhistorischen Museums Wien übergeben. Die Funde stellen mit ihren ausführlichen ökologischen Angaben eine wertvolle Ergänzung zur Kenntnis der Wassermolluskenfauna des Iran dar, deren Fundortsangaben bisher von FORCAT 1935, BIGGS 1936, STARMÜHLNER und EDLAUER 1957 und STARMÜHLNER 1961 zusammengestellt wurden.

Stamm: Mollusca.
Klasse: Gastropoda.
Unterklasse: Prosobranchia.
Ordnung: Mesogastropoda.
Familie: Hydrobiidae.
Unterfamilie: Hydrobiinae.
Gattung: *Pseudamnicola.*

Pseudamnicola uzelliana ISSEL

Fundorte[1]:

Pr. 40 und 42: Teich bei Amirabad, 23. 11. 1963. Temp.: 21,2°C; Elektr. Leitf.: 550; pH: 7; Alk.: 2,6; Cl: 3,4; SO_4: 1,5; Na: 5,5; Ca: 0,8; Mg: 1,0. — 14 und 28 Exemplare (Höhe: 3 mm; Breite: 1,4 mm).

[1] Leitfähigkeit: $K_{18} \cdot 10^6$, Salinität in mg/l, Na, Ca, Mg, SO_4 Cl in mval/l, Alk. (Alkalinität) = SBV (Säurebindungsvermögen).

Pr. 60: Kanat bei Deh-Mahmad, 26. 11. 1963. Temp.: 22°C; Elektr. Leitf.: 550; p_H: 7; Na: 4,7; Ca: 1,7; Mg: 0,2; Alk.: 3,6; Cl: 3,2; SO_4: 0,3. — 40 Exemplare (Höhe: 3 mm; Breite: 1,4 mm).

Pr. 117: Kanatbach bei Husseinabad, 14. 12. 1963. Temp.: 12,6°C; Elektr. Leitf.: 4570; p_H: 7; Na: 49,6; Ca: 4,2; Mg: 0,4; Alk.: 4,4; Cl: 33,3; SO_4: 17,8. — 97 Exemplare (Höhe: 3 mm; Breite: 1,5 mm).

Pr. 168: Kanatbach bei Mianabad, 8. 1. 1964. Temp.: 16,6°C; Elektr. Leitf.: 861; Sal.: 532; p_H: 7,2; Na: 8,3; Ca: 0,5; Mg: 0,4; Alk.: 3,7; Cl: 4,5; SO_4: 1,2. — 11 Exemplare (Höhe: 3 mm; Breite: 1,4 mm).

Pr. 181: Quellbach bei Abdul-abad, 23. 1. 1964. Temp.: 23,4°C; Elektr. Leitf.: 2400; Alk.: 4,4; Na: 19,2, Ca: 1,3; Mg: 0,8; Cl: 13,2; SO_4: 4,9. — 7 Exemplare (Höhe: 3 mm; Breite: 1,4 mm).

Pr. 198: Quelle bei Pirhadjad, 25. 1. 1964. Temp.: 25,7°C; Elektr. Leitf.: 1450; Sal.: 987; p_H: 7,3; Na: 15,1; Ca: 1,4; Mg: 0,9; Alk.: 4,2; Cl: 10,5; SO_4: 2,4. — 1 juveniles Exemplar.

Pr. 338: Tsheshmeh-Lis-ab, natürliche Quelle, 23. 4. 1964. Temp.: 20°C; Elektr. Leitf.: 4783; Sal.: 3844; p_H: 7,4; Na: 48,0; Mg: 6,2; Alk.: 4,3; Cl: 32,4; SO_4: 27,7. — 8 Exemplare, davon 4 juvenil (ausgewachsenene Exemplare: Höhe: 2,6 mm; Breite: 1,2 mm).

Pr. 356: Tsheshmeh-Kerkesou, natürliche Quelle und Tümpel, 24. 4. 1964. Temp.: 19°C; Elektr. Leitf.: 3298; Sal.: 2921; p_H: 8,3; Na: 39,7; Ca: 4,8; Mg: 4,0; Alk.: 7,6; Cl: 21,6; SO_4: 18,3. — 27 Exemplare, z. T. juvenil (ausgewachsene Exemplare: Höhe: 2,8 mm; Breite: 1,4 mm).

Pseudamnicola kotschyi v. FRAUENFELD

Pr. 223: Tsheshmeh-Talchab, natürliche Quelle, 5. 2. 1964. Temp.: 23,2°C; Elektr. Leitf.: 5650; Sal.: 4570; p_H: 7,4; Na: 61,5; Ca: 4,8; Mg: 3,0; Alk.: 4,0; Cl: 51,4; SO_4: 32,0. — 31, ausschließlich juvenile Exemplare.

Pr. 338: Tsheshmeh-Lis-ab, natürliche Quelle, 23. 4. 1964. Chem. Angaben siehe weiter oben! 54 Exemplare, darunter der Großteil juvenil (ausgewachsene Exemplare: Höhe: 3 mm; Breite: 1,5 mm).

Beide *Pseudamnicola*-Arten sind im Iran endemisch, sie unterscheiden sich bei adulten Schalen durch die Ausbildung des Mündungsrandes und des Nabels (STARMÜHLNER 1961, S. 90 u. 91).

Sie ertragen mäßig starke Versalzung des Wohngewässers. Der Totalsalzgehalt kann dabei bis über 4°/₀₀, d. s. 4000 mg/l, steigen, wie z. B. im Abfluß der Gomun-Quellseen (N des Taschk- oder Nargissees im O von Schiras, STARMÜHLNER u. EDLAUER 1957). Im allgemeinen bevorzugen die Schnecken kleine, schwach strömende Quellrinnsale mit schlammig-sandigem Untergrund, dessen Diatomeenbelag, sie — oft in Massen vorkommend — abweiden.

Unterfamilie: Melanopsinae.

Gattung: *Melanopsis*.

Melanopsis doriae ISSEL

Fundorte:

Pr. 31: Kanat bei Malvand, 22. 11. 1963. Temp.: 22,6°C; Elektr. Leitf.: 367; Sal.: 245; p_H: 7; Na: 2,8; Ca: 1; Mg: 0,4; Alk.: 3; Cl: 1,8; SO_4: Spuren. — 35, meist juvenile Exemplare mit auffallend schlanken und hohen Schalen, 2 Exemplare zeigen eine deutliche Rippenbildung. Die Maße der größten Exemplare in der Probe: Höhe: 17,5 mm; Breite: 6,5 mm.

Pr. 42: Teich bei Amirabad, 23. 11. 1963. Temp.: 21,2°C, Elektr. Leitf.: 550; p_H: 7; Alk.: 2,6; Cl: 3,4; SO_4: 1,5; Na: 5,5; Ca: 0,8; Mh: 1. — 34, meist juvenile Exemplare, davon die größten Schalen in der Probe: Höhe: 12—12,5 mm; Breite: 5—5,4 mm.

Pr. 60: Kanat bei Deh Mahmad, 26. 11. 1963. Temp.: 22°C; Elektr. Leitf.: 515; p_H: 7; Na: 4,7; Ca: 1,7; Mg: 0,2; Alk.: 3,6; Cl: 3,2; SO_4: 0,3. — 1 juveniles Exemplar.

Pr. 64: Quelle und Quellteich bei Shir Gesht, 26. 11. 1963. Temp.: 22,6°C; Elektr. Leitf.: 2428; Sal.: 1896; p_H: 6,5; Na: 28,1; Ca: 2,8; Mg: 0,6; Alk.: 3,8; Cl: 19,5; SO_4: 8. — 2 Exemplare mit schlanken und glatten Schalen: Höhe: 20 mm; Breite: 7,5 mm.

Pr. 117: Kanatbach bei Husseinabad, 14. 12. 1963. Temp.: 12,6°C; Elektr. Leitf.: 4570; p_H: 7; Na: 49,6; Ca: 4,2; Mg: 0,4; Alk.: 4,4; Cl: 33,3; SO_4: 17,8. — 11 Exemplare mit hellbrauner, glatter Schale, die größten Individuen messen: Höhe: 20 mm; Breite: 8,3 mm.

Pr. 181: Quellbach Abdula-abad, 23. 1. 1964. Temp.: 23,4°C; Elektr. Leitf.: 2400; Na: 19,2; Ca: 1,3; Mg: 0,8; Alk.: 4,4; Cl: 13,2; SO_4: 4,9. — 12 juvenile Exemplare, das größte Individuum mißt: Höhe: 10 mm.

Pr. 193: Quelle bei Pirhadjad, 25. 1. 1964. Temp.: 25,7°C; Elektr. Leitf.: 1450; Sal.: 987; p_H: 7,3; Na: 15,1; Ca: 1,4; Mg: 0,9; Alk.: 4,2; Cl: 10,5; SO_4: 2,4. — 16 juvenile Exemplare.

Pr. 195: Wie Pr. 193. — 61 Exemplare, deren Schalen z. T. stark korrodiert sind; braunschwarz, einige Schalen mit schwacher Rippenbildung, sonst an den Schalen nur Anwachsstreifen, die erst bei stärkerer Vergrößerung unterscheidbar. Die größten Exemplare messen: Höhe: 20,5 mm; Breite: 9,5 mm. Die übrigen Individuen zwischen 20 und 3 mm.

Pr. 198: Wie Pr. 193. — 18 juvenile Exemplare, die größten darunter mit einer Höhe von 7,8 mm und Breite von 4 mm.

Pr. 200: Wie Pr. 193. — 18 juvenile Exemplare, die größten Schalen messen in der Höhe: 7 mm; Breite: 3,2 mm.

Pr. 223: Quelle Tsheshmeh Talchab, natürliche Quelle, 5. 2. 1964. Temp.: 23,2°C; Elektr. Leitf.: 5650; Sal.: 457; p_H: 7,4; Na: 615; Ca: 4,8; Mg: 3,0; Alk.: 4; Cl: 51,4; SO_4: 32. — 10 juvenile Exemplare, die größte Schale mißt in der Höhe 7 mm; Breite: 3,7 mm.

Melanopsis doriae ist eine, ebenfalls im Iran endemische Art, deren Schale gelegentlich zu stärkerer Rippenbildung neigt. Sie findet sich in allen süßen und versalzten, meist fließenden Gewässern, wo sie steinigen Grund bevorzugt. Auffallend ist der hohe Anteil an juvenilen Tieren in den Proben, die zwischen Spätherbst und zeitigem Frühjahr gesammelt wurden. Es scheint sich um Tiere zu handeln, die aus den Laichgelegen des Frühherbstes gekrochen sind.

Unterfamilie: Melaniinae.

Gattung: *Melania.*

Melania tuberculata (O. F. MÜLLER)

Fundorte:

Pr. 42: Teich bei Amirabad, 23. 11. 1963. Temp.: 21,2°C; Elektr. Leitf.: 550; p_H: 7; Alk.: 2,6; Cl: 3,4; SO_4: 1,5; Na: 5,5; Ca: 0,8; Mg: 1. — 1 juveniles Exemplar.

Pr. 64: Quelle und Quellteich bei Shir Gesht, 26. 11. 1963. Temp.: 22,6°C; Elektr. Leitf.: 2428; Sal.: 1896; p_H: 6,5; Na: 28,1; Ca: 2,8; Mg: 0,6; Alk.: 3,8; Cl: 19,5; SO_4: 8. — 2 Exemplare (Höhe: 18 mm; Breite: 6 mm).

Pr 117: Kanatbach bei Husseinabad, 14. 12. 1963. Temp.: 12,6°C; Elektr. Leitf.: 4570; p_H: 7; Na: 49,6; Ca: 4,2; Mg: 0,4; Alk.: 4,4; Cl: 33,3; SO_4: 17,8. — 2 Exemplare (Höhe: 18 mm).

Pr. 155: Quelle bei Kal-e-Choneh, 6. 1. 1964. Temp.: 22,2°C; Elektr. Leitf.: 1240; Sal.: 735; p_H: 7,5; Na: 11,4; Ca: 1,4; Mg: 0,7; Alk.: 3,8; Cl: 7,4; SO_4: 2,4. — 10 Exemplare, das größte Individuum mißt: Höhe: 35 mm; sonst unter 30 mm, zahlreiche juvenile Exemplare.

Pr. 161: Natürliche Quelle und Tümpel Tsheshmeh Shorm, 7. 1. 1964. Temp.: 14,6°C; Elektr. Leitf.: 3700; Sal.: 2817; p_H: 7,4; Na: 44,2; Ca: 1,4; Mg: 0,7; Alk.: 6,3; Cl: 26,6; SO_4: 13,4. — 3 juvenile Exemplare (Höhe: 12 mm).

Pr. 181: Quellbach bei Abdul-abad, 23. 1. 1964. Temp.: 23,4°C; Elektr. Leitf.: 2400; Alk.: 4,4; Na: 19,2; Ca: 1,3; Mg: 0,8; Cl: 13,2; SO_4: 4,9. — 1 juveniles Exemplar.

Pr. 185: Quelle bei Bistun, 23. 1. 1964. Temp.: 22,4°C; Elektr. Leitf.: 996; Sal.: 698; p_H: 7,3; Na: 11,2; Ca: 1,3; Mg: 0,9; Alk.: 4,2; Cl: 5,7; SO_4: 4,6. — 1 Exemplar von 15 mm Höhe.

Pr. 193, 195 u. 198: Quelle bei Pirhadjad, 25. 1. 1964. Temp.: 25,7°C; Elektr. Leitf.: 1450; Sal.: 987; p_H: 7,3; Na: 15,1; Ca: 1,4; Mg: 0,9; Alk.: 4,2; Cl: 10,5; SO_4: 2,4. — 7 Exemplare. mit hellen, gelbgrünen Schalen ohne Zeichnungsmuster, meist juvenil, die größten Exemplare messen: Höhe: 14,5 mm; Breite: 5 mm.

Pr. 203: Natürlicher Quelltümpel bei Tsheshmeh dahaneh-mambor, 6. 1. 1964. Temp.: 22,2°C; Elektr. Leitf.: 1240; Sal.: 735; p_H: 7,5; Na: 11,4; Ca: 1,4; Mg: 0,7; Alk.: 3,8; Cl: 7,4; SO_4: 2,4. — 5 Exemplare, das größte mißt: Höhe: 16 mm; Breite: 5 mm.

Pr. 210: Natürliche Quelle, Tsheshmeh-shorm, 28. 1. 1964. Keine chemischen Daten vorhanden. — 7 juvenile Exemplare.

Pr. 236 und 237: Hauptquelle bei Naiband, 9. 2. 1964. Temp.: 40°C; Elektr. Leitf.: 775; Sal.: 502; p_H: 7,4; Ca: 3,6; Na: 3,7; Mg: 1,6; Alk.: 3,2; Cl: 2,6; SO_4: 3,5. — 39 Exemplare mit auffallend schlanken, spitzen Schalen, die stark mit Schlamm verkrustet, das größte Exemplar mißt an Höhe: 18,5 mm; Breite: 5,5 mm (9 Umgänge). Die meisten Schalen sind von juvenilen Individuen.

Pr. 349: Natürliche Quelle und Quelltümpel bei Tsheshmeh Sangitsche, 23. 4. 1964. Temp.: 21°C; Elektr. Leitf.: 2644; Sal.: 5333; p_H: 6,9; Na: 76,6; Ca: 6,2; Mg: 5,8; Alk.: 11; Cl: 49,1; SO_4: 47,5. — 15 Exemplare, das größte mißt: Höhe: 24,2 mm; Breite: 7,8 mm.

Pr. 363: Teich bei Huk, 24. 4. 1964. Temp.: 21°C; Elektr. Leitf.: 4670; Sal.: 3177; p_H: 8; Na: 22,6; Ca: 16; Mg: 8,8; Alk.: 4,5; Cl: 10,8; SO_4: 35,8. — 15 Exemplare, das größte mißt: Höhe: 18 mm; Breite: 7 mm.

Melania tuberculata ist im Hochland vom Iran die häufigste Wasserschnecke. Sie ist von kleinsten Wasseransammlungen bis in größere Teiche anzutreffen und meidet auch nicht Gewässer mit mittlerem Salzgehalt (z. B. Teich bei Huk mit einer Salinität von 3,1‰, d. s. 3177 mg/l, und Quelle Sangitsche mit 5,3‰, d. s.

5333 mg/l). Auch gegen hohe Temperaturen ist die Schnecke unempfindlich, wie der Fund in einer Thermalquelle bei 40°C beweist (Pr. 236 und 237). Es ist dies meines Wissens die höchste Temperatur, bei der die Art bisher nachgewiesen wurde!

Unterklasse: Pulmonata.
Ordnung: Basommatophora.
Unterordnung: Hygrophila.
Familie: Planorbidae.
Gattung: *Gyraulus*.

Gyraulus sp.

Aus dem Iran sind vier *Gyraulus*-Arten beschrieben, *G. piscinarum*, *convexiusculus*, *intermixtus* und *euphraticus* (STARMÜHLNER u. EDLAUER 1957). Da bisher anatomische Untersuchungen dieser Arten fehlen und es möglich ist, daß sie untereinander synonym sind, wurde von einer genaueren Bezeichnung der gefundenen Schalen vorläufig Abstand genommen.

Fundorte:

Pr. 31: Kanat bei Malvand, 22. 11. 1963. Temp.: 22,6°C; Elektr. Leitf.: 367; Sal.: 245; p_H: 7; Na: 2,8; Ca: 1; Mg: 0,4; Alk.: 3; Cl: 1,8; SO_4: Spuren. — 3 juvenile Exemplare.

Pr. 42: Teich bei Amirabad, 23. 11. 1963. Temp.: 21,2°C; Elektr. Leitf.: 550; Alk.: 2,6; p_H: 7; Cl: 3,4; SO_4: 1,5; Na: 5,5; Ca: 0,8; Mg: 1. — 20 Exemplare, die größten besitzen einen Durchmesser von 8,2 mm.

Pr. 60: Kanat bei Deh Mahmat, 26. 11. 1963. Temp.: 22°C; Elektr. Leitf.: 515; p_H: 7; Na: 4,7; Ca: 1,7; Mg: 0,2; Alk.: 3,6; Cl: 3,2; SO_4: 0,3. — 6 juvenile Exemplare.

Pr. 96: Tümpel bei Delendjan, 8. 12. 1963. Temp.: 20,8°C; Elektr. Leitf.: 1738; Sal.: 1191; p_H: 7,5; Na: 18,4; Ca: 1; Mg: 0,2; Alk.: 5,2; Cl: 10,6; SO_4: 4,5. — 11 Exemplare, das größte mißt im Durchmesser 7 mm.

Pr. 103: Verfallene Kanatreihe bei Tshah-e-dasht, entnommen den künstlichen Schächten, 13. 12. 1963. Temp.: 15,6°C; Elektr. Leitf.: 2786; Sal.: 2612; p_H: 6,5; Na: 14; Ca: 0; Mg: 0; Alk.: 2,4; Cl: 9,3; SO_4: 29. — 11 Exemplare, der größte Durchmesser erreicht 7 mm.

Es zeigt sich (Pr. 83 und 103), daß die Planorbidengattung *Gyraulus* mäßigen Salzgehalt im Wasser toleriert.

Familie: Lymnaeidae.
Unterfamilie: Lymnaeinae.
Gattung: *Lymnaea*.

Lymnaea (Galba) truncatula (O. F. MÜLLER)

Fundorte:

Pr. 83: Kanat und Teich bei Es-Faq, 5. 12. 1964. Temp.: Angabe fehlt; Elektr. Leitf.: 772; p_H: 7; Na: 6,7; Ca: 1,4; Mg: 0,8; Alk.: 3,7; Cl: 3,7; SO_4: 1,6. — 28, meist juvenile Exemplare.

Die Leberegelschnecke findet sich in den kleinsten Wasseransammlungen des ganzen holarktischen Raumes, scheint aber versalzte Gewässer zu meiden.

Lymnaea (Radix) auricularia (LINNE)

Auch von dieser Art sind vom Iran zahlreiche Formengruppen als eigene Arten beschrieben worden. Die Artdiagnosen bezogen sich ausschließlich auf die sehr variablen Schalenmerkmale. HUBENDICK 1951 stellt, wie STARMÜHLNER und EDLAUER 1957 berichten, die aus dem Iran beschriebenen früheren Arten *L. tenera euphratica, bactriana, gedrosiana, gedrosiana rectilabrum, persica* und *acuminata* alle zu *L. auricularia.*

Fundorte:

Pr. 11: Fluß Zeyandeh Rud bei Isfahan, 6. 11. 1963. Temp.: Angabe fehlt; Elektr. Leitf.: 1000; Na: 4,76; SO_4: 2,43. — 1 juveniles Exemplar.

Pr. 113a: Quellbach bei Sardeh, 14. 12. 1963. Temp.: 19,2°C; Elektr. Leitf.: 1188; Sal.: 826; p_H: 7; Na: 9,6; Ca: 2,2; Mg: 0,2; Alk.: 3,4; Cl: 5,8; SO_4: 4,6. — 2 Exemplare, Höhe: 15 mm; Breite: 9 mm; Mündungshöhe: 11,6 mm; Mündungsbreite: 7 mm.

Pr. 168: Kanatbach bei Mianabad, 8. 1. 1964. Temp.: 16,6°C; Elektr. Leitf.: 861; Sal.: 532; p_H: 7,2; Na: 8,3; Ca: 0,5; Mg: 0,4; Alk.: 3,7; Cl: 4,5; SO_4: 1,2. — 5 juvenile Exemplare, ein Laich.

Pr. 203: Quelltümpel Tsheshmeh dahaneh-mambor, 6. 1. 1964. Temp.: 22,2°C; Elektr. Leitf.: 1240; Sal.: 735; p_H: 7,5; Na: 11,4; Ca: 1,4; Mg: 0,7; Alk.: 3,8; Cl: 7,4; SO_4: 2,4. — 27 Exemplare, das größte mißt: Höhe: 14 mm; Breite: 8,5 mm; Mündungshöhe: 10 mm; Mündungsbreite: 6 mm.

Die Art bewohnt schwach fließende und stehende Süßwässer mit starkem Fadenalgenbewuchs, sie fehlt in Gewässern mit höherem Salzgehalt.

Lymnaea (Radix) pereger (O. F. MÜLLER)

Fundorte:

Pr. 183, 185 und 189: Quelle bei Bistun, 23. 1. 1964. Temp.: 25,7°C; Elektr. Leitf.: 996; Sal.: 698; p_H: 7,3; Na: 11,2; Ca: 1,3; Mg: 0,9; Alk.: 4,2; Cl: 5,7; SO^4: 4,6. — 18 Exemplare, die größten messen: Höhe: 12 mm und 11 mm; Breite: 7 mm und 6,5 mm;

Mündungshöhe: 7,8 mm und 7 mm; Mündungsbreite: 4,8 mm und 3,8 mm. Die meisten Individuen der Probe sind juvenil.

Klasse: Bivalvia.
Ordnung: Eulamellibranchiata.
Unterordnung: Sphaeriacea.
Familie: Sphaeriidae.
Gattung: *Pisidium*.

Pisidium (*cf. casertanum* POLI)

Da nur Schalenbruchteile vorliegen, wurde die Bestimmung mit Vorbehalt angegeben.

Fundorte:

Pr. 42: Teich bei Amirabad, 23. 11. 1963. Temp.: 21,2°C; Elektr. Leitf.: 550; p_H: 7; Alk.: 2,6; Cl: 3,4; SO_4: 1,5; Na: 5,5; Ca: 0,8; Mg: 1. — 2 Exemplare.

Pr. 113a: Quellbach bei Sardeh, 14. 12. 1963. Temp.: 19,2°C; Elektr. Leitf.: 1188; Sal.: 826; p_H: 7; Na: 9,6; Ca: 2,2; Mg: 0,2; Alk.: 3,4; Cl: 5,8; SO_4: 4,6. — 1 Exemplar.

Diese palaearktisch verbreitete Muschel wurde im Iran bisher nur in einem schwach salzigen Bach bei Dudeh (O von Schiras) und in einem Bewässerungskanal im Elbursgebirge bei Gelandoah (NO von Teheran) gefunden. Sie fehlt in Gewässern mit höherem Salzgehalt.

In der Tab. 1 wird eine Zusammenstellung jener, in Iran gefundenen Wassermollusken gegeben, die z. T. mäßig versalztes Wasser als Biotop tolerieren. Es lagen dafür die Angaben folgender Sammelexpeditionen vor: Österreichische Iran-Expedition 1949/50 (STARMÜHLNER und EDLAUER 1957, LÖFFLER 1956) unter St. 49/50, Sammelexpedition RUTTNER-KOLISKO 1960 (STARMÜHLNER 1961) unter R. 60 sowie die in dieser Arbeit bearbeitete Ausbeute der Sammelexkursion RUTTNER-KOLISKO 1963/64 unter R. 63/64.

Die Reihung der Fundorte wurde nach der Stärke der Salinität (mg/l) vorgenommen, während Anionen und Kationen in mval/l angeführt sind. Der höchste Salinitätswert, bei dem Molluskenschalen im Iran gefunden wurden, liegt bei 6900 mg/l oder einer Konzentration von 6,9‰ (=0,69%). Es war dies am O-Ufer des Niris-See bei Chaneh-e-kat, wo im Juli 1949 Massen leerer Schalen von *Hydrobia acuta* gesammelt wurden (STARMÜHLNER und EDLAUER 1957). Zahlreiche leere Schalen fand auch LÖFFLER 1959 am Ufergebiet des Urmia-Sees, dessen Salzkonzentration 18 bis 20% übersteigt, sowie am Ufer des Famur-See bei Kunak-e-Zard. Da weder im Niris-See, noch im Urmia-See lebende Tiere, sondern ausschließlich leere Schalen gefunden wurden, liegt die Vermutung nahe, daß es sich um Individuen handelt, die aus den Mündungsgebieten der Seezuflüsse, die einen niederen Salzgehalt aufweisen, eingeschwemmt oder die durch Wasservögel verschleppt wurden. Im letzteren Fall könnten die Schnecken „süßere" Abschnitte der Seen in der Nähe von Flußeinmündungen neu besiedelt haben, während sie zunehmende stärkere Versalzung wieder zum Absterben brachte, wobei die leeren schwimmenden Schalen leicht verdriftet werden können. Lebend wurde *Hydrobia acuta* im Gebiet des Niris-Sees bisher nur in einem kleinen Salzwassergerinnsel 6 km W von Chaneh-e-kat von Löffler am 4. 6. 1956 gefunden (Starmühlner und Edlauer 1957, Löffler 1959). Es enthält — nach der Zusammensetzung der Entomostrakenfauna — kaum mehr als 2000 mg/l ($2^0/_{00}$) Cl (Löffler 1959). Möglicherweise handelt es sich hier um einen der letzten Reliktstandorte der Art im Gebiet des Niris-Sees.

Die Salinität aller bisher chemisch untersuchten Fundorte von Wassermollusken in Iran liegt stets unter einer Konzentration von $6^0/_{00}$ (= 0,6%), d. h. z. T. im Bereich der mesohalinen Gewässer (1—$10^0/_{00}$) nach Redeke 1932 oder des limnisch-brackischen Mischgebietes (3—$5^0/_{00}$) nach Remane 1941. Bei Konzentrationen unter $1^0/_{00}$ handelt es sich nach Redeke um oligohaline Gewässer, die man üblicherweise dem Süßwasser zuordnet, dessen Salzgehalt meist zwischen 0,1 und $0{,}5^0/_{00}$ liegt.

Unter den Pulmonaten dringt nur *Gyraulus* sp. (Tab. 2) in die unteren Bereiche der mesohalinen Gewässer ein (Tümpel bei Delendjan, Probe 96 mit einer Salinität von $1{,}1^0/_{00}$), alle anderen Arten, wie *Lymnaea auricularia*, *Lymnaea pereger* und *Lymnaea truncatula* bleiben im oligohalinen Bereich. Die gleiche Feststellung gilt für die Muschel *Pisidium* (*cf. casertanum*).

Unter den Prosobranchiern sind es neben der schon erwähnten *Hydrobia acuta* vor allem *Melania tuberculata*, weiters die drei *Melanopsis*- sowie die zwei *Pseudamnicola*-Arten und in stark fließenden Gewässern auch *Theodoxus pallidus*, die Salzkonzentrationen bis über $4{,}2^0/_{00}$ ertragen, also den mesohalinen Bereich besiedeln, aber ebenso in oligohalinen Biotopen anzutreffen sind.

Literatur

Biggs, E. J.: Collecting Mollusca on the Iranian Plateau. - Nautilus, Vol. 50, 1936.

Forcart, L.: Die Mollusken der nordpersischen Provinz Masenderan und ihre tiergeographische Bedeutung. — Arch. Naturg., N. F. Bd. 4, 1935.

LÖFFLER, H.: Ergebnisse der Österreichischen Iranexpedition 1949/50: Limnologische Untersuchungen an Iranischen Binnengewässern. — Hydrobiologia, Vol. 8, 1956.

— Beiträge zur Kenntnis der iranischen Binnengewässer: Der Niriz-See und sein Einzugsgebiet. — Int. Rev. Hydr. Bd. 44, 1959.

REDEKE, H. C.: Abriß der regionalen Limnologie der Niederlande. — Publ. Nr. 1, Hydrobiol. Club, 1932.

REMANE, A.: Einführung in die zoologische Ökologie der Nord- und Ostsee. — In GRIMPE-WAGLER, Tierwelt der Nord- und Ostsee, 1941.

STARMÜHLNER, F. und EDLAUER, Ä.: Ergebnisse der Österreichischen Iran-Expedition 1949/50: Beiträge zur Kenntnis der Molluskenfauna des Iran. — Sitzber. Öst. Akad. Wiss., Math.-nat. Kl., Abt. 1, Bd. 166, 1957.

STARMÜHLNER, F.: Eine kleine Molluskenausbeute aus Nord- und Ostiran. — Sitzber. Öst. Akad. Wiss., Math.-nat. Kl., Abt. 1, Bd. 170, 1961.

Tabelle 2

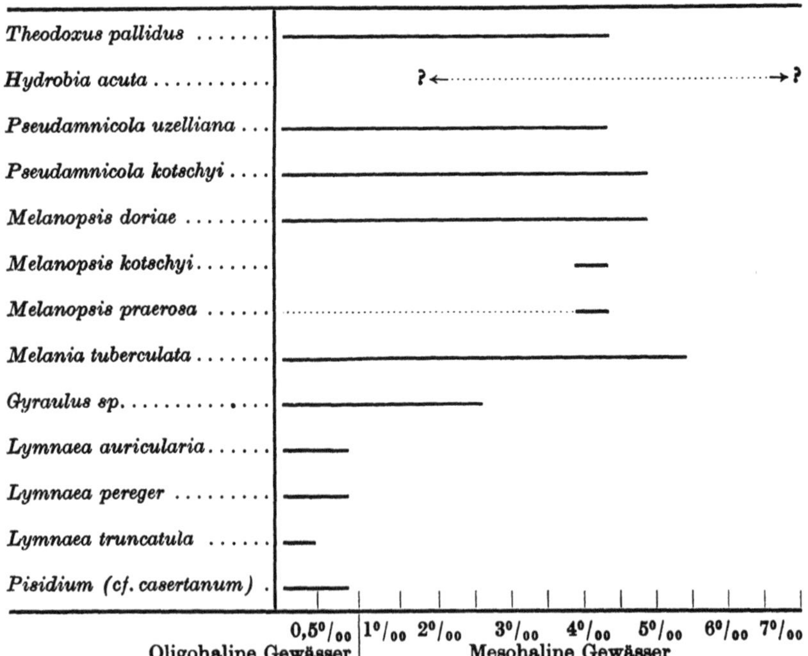

Expedition	R. 63/64	R. 60	St. 49/50	R. 63/64	R. 63/64	R. 63/64	R. 63/64	R. 63/64	R. 63/64
Proben-Nummer	31	210	—	40 u. 42	83	236/37	168	183/85	11
Fundort	Kanat b. Malvand	Quellb. b. Bam	Kanat b. Kerman	Teich b. Amina-bad	Kanat b. Es-Faq	Thermal-quelle Naiband	Kanat Miana-bad	Quelle b. Bistun	Fluß: Zeyand-Rud
Salinität (mg/l)	245	298	—	—	—	502	532	698	—
$Na^{\cdot}$ (mval/l)	2,8	—	2	5,5	4,7	3,7	8,3	11,2	4,76
$Ca^{\cdot\cdot}$ (mval/l)	1	—	3,2	0,8	1,7	3,6	0,5	1,3	—
$Mg^{\cdot\cdot}$ (mval/l)	0,4	—	1,9	1	0,2	1,6	0,4	0,9	—
Cl' (mval/l)	1,8	—	1,6	3,4	3,2	2,6	4,5	5,7	—
SO_4'' (mval/l)	Sp.	—	2,8	1,5	0,3	3,5	1,2	4,6	2,43
Alk. (SBV)	3	3	2,7	2,6	3,6	3,2	3,7	4,2	—
pH	7	—	8,9	7	7	7,4	7,2	7,3	—
Arten									
Theodoxus pallidus			*						
Hydrobia acuta									
Pseudamnicola uzelliana		*	*	*			*		
Pseudamnicola kotschyi									
Melanopsis doriae	*			*					
Melanopsis kotschyi									
Melanopsis praerosa									
Melania tuberculata				*		*		*	
Gyraulus sp.	*			*					
Lymnaea auricularia							*		*
Lymnaea pereger								*	
Lymnaea truncatula					*				
Pisidium cf. casertanum				*					

Expedition	R. 63/64	R. 63/64	R. 63/64	R. 60	R. 63/64	R. 60	R. 63/64	R. 60
Proben-Nummer	155	203	113a	88,91	193—200	221/22	96	204
Fundort	Quelle Kal-e-Ch.	Quelle T. dahaneh-m.	Quellb. Sardeh	Quelle b. Galeh	Quelle Pirhadjad	Kanat Ab-Chorg	Tümpel Delendjan	Quellb. Osbah-Kuh I
Salinität (mg/l)	735	735	826	845	987	1100	1191	1500
Na˙ (mval/l)	11,4	11,4	9,6	—	15,1	—	18,4	—
Ca˙˙ (mval/l)	1,4	1,4	2,2	—	1,4	—	1	—
Mg˙˙ (mval/l)	0,7	0,7	0,2	—	0,9	—	0,2	—
Cl' (mval/l)	7,4	7,4	5,8	—	10,5	—	10,6	—
SO_4'' (mval/l)	2,4	2,4	4,6	—	2,4	—	4,5	—
Alk. (SBV)	3,8	3,8	3,4	3,3	4,2	3	5,2	4,5
pH	7,5	7,5	7	—	7,3	—	7,5	—
Arten								
Theodoxus pallidus								
Hydrobia acuta								
Pseudamnicola uzelliana						*		
Pseudamnicola kotschyi				*				
Melanopsis doriae					*	*		*
Melanopsis kotschyi								
Melanopsis praerosa								
Melania tuberculata	*	*			*	*		
Gyraulus sp.							*	
Lymnaea auricularia		*	*					
Lymnaea pereger								
Lymnaea truncatula								
Pisidium cf. casertanum			*					

Expedition	R. 63/64	R. 63/64	R. 60	R. 60	R. 63/64	R. 63/64	R. 63/64	R. 63/64
Proben-Nummer	181	64	120	128	103	161	356	117
Fundort	Quellb. Abdulla-bad	Quellb. Shir-Gesht	Quellb. Tsh. sardl	Quellb. Galeh-Tsh-sard 2	Kanat Tshah-e-dasht	Quelle Tsh. Shorm	Quelle Kerke-sou	Kanat Husseina-bad
Salinität (mg/l)	—	1896	1922	1922	2612	2817	2921	—
$Na^{\cdot}$ (mval/l)	19,2	28,1	—	—	14	44,2	39,7	49,6
$Ca^{\cdot\cdot}$ (mval/l)	1,3	2,8	—	—	—	1,4	4,8	4,2
$Mg^{\cdot\cdot}$ (mval/l)	0,8	0,6	—	—	—	0,7	4	0,4
Cl' (mval/l)	13,2	19,5	—	—	9,3	26,6	21,6	33,3
SO_4'' (mval/l)	4,9	8	—	—	29	13,4	18,3	17,8
Alk. (SBV)	4,4	3,8	6,8	6,8	2,4	6,3	7,6	4,4
pH	—	6,5	—	—	6,5	7,4	8,3	7
Arten								
Theodoxus pallidus								
Hydrobia acuta								
Pseudamnicola uzelliana	*						*	*
Pseudamnicola kotschyi			*	*				
Melanopsis doriae	*	*						*
Melanopsis kotschyi								
Melanopsis praerosa								
Melania tuberculata	*	*				*		*
Gyraulus sp.					*			
Lymnaea auricularia								
Lymnaea pereger								
Lymnaea truncatula								
Pisidium cf. casertanum								

Expedition	R. 63/64	R. 63/64	St. 49/50	St. 49/50	St. 49/50	R. 63/64	R. 63/64	St. 49/50
Proben-Nummer	363	338	F 12	F 19	F 23	223	349	F 11
Fundort	Teich b. Huk	Quelle Tsh. lis-ab	Zufluß d. Niris-See Chaneh-e-Kat	Bach W Maharlu-See	Gomun-Quellsee b. Nargis-See	Quelle T. Tal-chab	Quelle Tsh. San-gitsche	O-Ufer d. Niris-See
Salinität (mg/l)	3177	3844	4000	4200	4200	4570	5333	6900
$Na^{\cdot}$ (mval/l)	22,6	48	53,05	46,3	59,2	61,5	76,6	100,7
$Ca^{\cdot\cdot}$ (mval/l)	16	8,6	6,85	8,1	7,3	4,8	6,2	3
$Mg^{\cdot\cdot}$ (mval/l)	8,8	6,2	9,4	11,2	7,2	3	5,8	12,2
Cl' (mval/l)	10,8	32,4	63,7	43,6	59,2	51,4	49,1	109,8
SO_4'' (mval/l)	35,8	27,7	2,6	16,4	2,7	32	47,5	6,3
Alk. (SBV)	4,5	4,3	4,5	4,2	4,7	4	11	1,64
pH	8	7,4	—	—	7,6	7,4	6,9	8,9
Arten								
Theodoxus pallidus					*			
Hydrobia acuta								*
Pseudamnicola uzelliana		*			*			
Pseudamnicola kotschyi		*		*		*		
Melanopsis doriae			*			*		
Melanopsis kotschyi					*			
Melanopsis praerosa				*				
Melania tuberculata	*		*	*	*		*	
Gyraulus sp.								
Lymnaea auricularia								
Lymnaea pereger								
Lymnaea truncatula								
Pisidium cf casertanum								

Die in den Sitzungsberichten Abtlg. I und Abtlg. II der math.-nat. Klasse der Österr. Ak. d. Wiss. erscheinenden Abhandlungen werden auch einzeln abgegeben. Sie können durch jede Buchhandlung oder direkt durch die Auslieferungsstelle der Österreichischen Akademie der Wissenschaften (Wien I, Singerstraße 12) bezogen werden.

Nachfolgende Abhandlungen aus dem Fach der **Zoologie** sind erschienen:

1959 (S I Bd. 168):

Löffler Heinz: Zur Limnologie. Entomostraken- und Rotatorienfauna des Seewinkelgebietes (Burgenland, Österreich) (mit 5 Textabbildungen und 4 Tafeln). S 60.20

Remaudière Georges: Zoologisch-systematische Ergebnisse der Studienreise von H. Janetschek und W. Steiner in die spanische Sierra Nevada 1954. XI. Homoptera, Aphidoidea (mit 12 Textabbildungen). S 9.70

Schubart Otto: Zoologisch-systematische Ergebnisse der Studienreise von H. Janetschek und W. Steiner in die spanische Sierra Nevada 1954. XII. Diplopoda (mit 9 Textabbildungen). S 16.50

Schuster Reinhart: Ökologisch-faunistische Untersuchungen an den bodenbewohnenden Kleinarthropoden (speziell Oribatiden) des Salzlachengebietes im Seewinkel (mit 6 Textabbildungen). S 45.40

Steiner Walter: Zoologisch-systematische Ergebnisse der Studienreise von H. Janetschek und W. Steiner in die spanische Sierra Nevada 1954. X. Springschwänze (Collembola) (mit 5 Textabbildungen). S 12.90

Wettstein-Westersheimb Otto: Die alpinen Erdmäuse. S 10.—

1960 (S I Bd. 169):

Abel W.: Biophysikalische Gesetzmäßigkeiten am Vogelei (Das Aktivstufengesetz und Energiegesetz) (mit 20 Abbildungen, davon 2 Abbildungen auf 1 Tafel). S 60.—

Nemenz H.: Experimente zur Ionenregulation der Larve von Ephydra cinerea Jones (Dipt.) (mit 7 Textabbildungen). S 20.30

Viets O. Kurt: Kleine Sammlungen von Wassermilben (Hydrachnellae und Porohalacaridae aus Österreich (mit 9 Textabbildungen). S 17.—

1961 (S I Bd. 170):

Abel E. F., Über die Beziehungen mariner Fische zu Hartbodenstrukturen (mit 5 Textabbildungen). S 170–24, S 47.–

Eiselt Josef, Neubeschreibungen und Revision siphonostomer Cyclopoiden (Copepoda, Crust.) von der südlichen Hemisphäre nebst Bemerkungen über die Familie Artotrogidae Brady 1880 (mit 18 Textabbildungen). S 170–29, S 82.–

Gozmány L., Zoologische Ergebnisse der Mazedonienreisen Friedrich Kasys. III. Teil: Lepidoptera: Gelechiidae. Eine neue Art der Gattung Eremica (mit 1 Textabbildung). S 170–28, S 5.–

Hannemann H. J., Zoologische Ergebnisse der Mazedonienreisen Friedrich Kasys. II. Teil: Lepidoptera: Scythridae (mit 4 Textabbildungen). S 170–27, S 8.–

Petrovitz Rudolf, Zoologische Ergebnisse der Österreichischen Karakorum-Expedition 1958. II. Teil: Coleoptera: Scarabaeidae (mit 12 Textabbildungen). S 170–5, S 17.90

Starmühlner Ferdinand, Eine kleine Molluskenausbeute aus Nord- und Ostiran (mit 1 Textabbildung und 2 Tafeln). S 170–4, S 14.70

Toll Sergiusz, Zoologische Ergebnisse der Mazedonienreisen Friedrich Kasys. I. Teil: Lepidoptera: Choleophoridae (mit 54 Textabbildungen und 1 Tafel). S 170–26, S 33.–

1962 (S I Bd. 171):

Beier Max, Zoologische Studien in West-Griechenland. X. Teil. Walter Klemm, Die Gehäuseschnecken (mit 1 Kartenskizze, 2 Abbildungen und 4 Tafeln) 171–7, S 55.–

Schedl Wolfgang Ein Beitrag zur Kenntnis der Pilzübertragungsweise bei xylomycetophagen Scolytiden (Coleoptera) (mit 16 Abbildungen) 171–19, S 39.–

GPSR Compliance
The European Union's (EU) General Product Safety Regulation (GPSR) is a set of rules that requires consumer products to be safe and our obligations to ensure this.

If you have any concerns about our products, you can contact us on

ProductSafety@springernature.com

In case Publisher is established outside the EU, the EU authorized representative is:

Springer Nature Customer Service Center GmbH
Europaplatz 3
69115 Heidelberg, Germany

www.ingramcontent.com/pod-product-compliance
Ingram Content Group UK Ltd.
Pitfield, Milton Keynes, MK11 3LW, UK
UKHW021926190726
13853UKWH00002B/880
* 9 7 8 3 6 6 2 2 3 8 5 5 4 *